蚕宝宝成长记

主 编
陈建秋

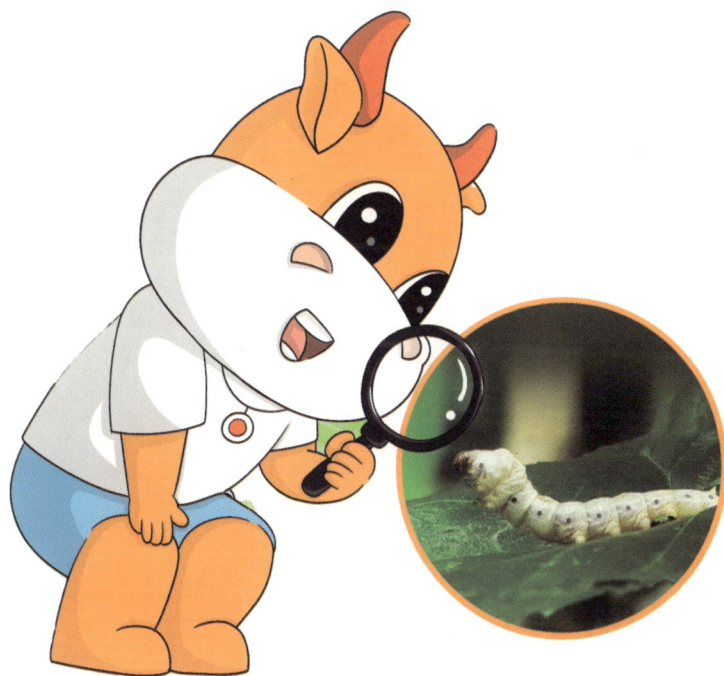

南京出版传媒集团 南京出版社

图书在版编目（CIP）数据

蚕宝宝成长记 / 陈建秋主编. -- 南京：南京出版
社, 2024. 10. -- ISBN 978-7-5533-4841-4

Ⅰ. S88-49

中国国家版本馆CIP数据核字第20244XF223号

书　　名　蚕宝宝成长记
编　　者　陈建秋
出版发行　南京出版传媒集团
　　　　　南 京 出 版 社
社　　址　南京市玄武区太平门街53号
邮　　编　210016
联系电话　025-83283873、83283864（营销）　025-83112257（编务）

策划统筹　孙前超
责任编辑　翟聪睿
装帧设计　俞　朋
责任印制　杨福彬

印　　刷　南京大贺开心印商务印刷有限公司
开　　本　787毫米×1092毫米　1/16
印　　张　3.25
字　　数　40千
版　　次　2025年2月第2版
印　　次　2025年2月第1次印刷
书　　号　978-7-5533-4841-4
定　　价　20.00元

特邀顾问

魏　迪

主　编

陈建秋

副 主 编

徐益南

编写成员

曾丽蔚　　何　鹏　　李　梅　　王荣进　　陈文波

组织编写

苏州爱牛科教器材有限公司

前　言

　　蚕是孩子们容易亲近的小生命。养蚕缫丝、织绸制衣是我国古代劳动人民的伟大发明，5000多年来养蚕文化的滋养，让中国人对"蚕宝宝"有着特殊的亲切感。

　　蚕也是孩子们容易饲养的小动物：体形小，生命周期短，不会消耗很多人力、物力。而蚕更是能让孩子们着迷的小家伙，它在短短两个月的时间里，竟能发生四次全然不同的形态变化，多么不可思议！

　　开展养蚕活动之前，让我们先阅读魏迪老师创作的《养蚕歌》——

养蚕数量少，十几条就好；蚕卵哪里找，市场或网络；

冬季没桑叶，饿苦小蚕宝；盛夏忌养蚕，蚕宝很苦恼；

二十四五度，温度别太高；静置约八日，点青始来到；

点青后两日，孵化真奇妙；小蚕吃嫩叶，桑叶剪成条；

桑叶不断供，大蚕爱啃老；桑叶防农药，试吃要记牢；

香水不能喷，蚊香毒更高；排查染病源，病蚕不能要；

桑干及时换，粪渣及时抛；勤劳讲卫生，肯定错不了；

眠蚕勿打扰，起蚕皮嫩娇；眠起统一喂，个头相差小；

小蚕密封养，塑料盒刚好；大蚕纸箱养，通风很重要；

熟蚕会逃跑，位置到处找；学做卷纸筒，结茧小妙招；

化蛹三日夜，随后茧放倒；出蛾约两周，公母配对交；

纸上杯扣蛾，产卵不乱跑；七八日点青，非滞出蚁苗；

三日卵变色，滞卵妥善保；冰箱五度存，明年继续养。

目 录

第一章
迎接新生命

　　万物复苏的春天又到了。经过一个漫长冬天的等待，所有的生命都在积蓄着力量，准备上演生命之歌中最壮丽的乐章。对我们来说，观察生命、欣赏生命，开展养蚕活动的大好时机来临了。

1. 蚕卵的点青和孵化

蚕的生命是从蚕卵开始的。蚕卵有多大？蚕卵是什么形状的？蚕卵的颜色会变吗？一起来好好观察蚕卵吧！

探究活动：观察蚕卵

黄色的小米、黑色的芝麻，谁的大小和蚕卵比较接近？

随着时间的推移，蚕卵的颜色发生了什么变化？

产下 1—2 日	产下 3—5 日	产下 10 天以上

蚕卵的观察记录

蚕卵形状：（   ）

蚕卵颜色：刚产下时为（   ），快孵化时为（   ）

其他发现：

聚焦活动：蚕卵点青

活化的蚕卵在适宜温度下，大约 8—10 天即可发生点青，就是蚕卵一端出现小黑点。黑点的位置实际上就是蚁蚕的脑袋。点青后，卵壳看上去有些半透明，透过它几乎能看到小蚕的轮廓，说明蚕卵就快孵化了。

出现点青现象的蚕卵

显微镜下的空壳和点青蚕卵

拓展活动：昆虫点青

除蚕卵外，蝴蝶、蝽等昆虫的卵也会有类似现象。尤其蝽卵发育末期的样子像一抹神秘的笑容，特别可爱。

蝽卵的点青现象

研讨活动：迎接蚕宝宝

我们要给蚕宝宝准备一个温馨、舒适的家……

除此之外，还要准备毛笔（或羽毛）、放大镜……

2. 蚁蚕宝宝诞生了

蚁蚕从卵壳中爬出来时，全身呈黑色或褐色，头大身体小，身上有许多细毛，大约 40 分钟后就会开始进食。

刚孵化的蚁蚕

许多条蚁蚕在吃嫩桑叶

探究活动：观察蚁蚕

用放大镜观察蚁蚕，并用尺子测量蚁蚕身体的长度和宽度。

蚁蚕小档案

身体长度：（　　）毫米

身体宽度：（　　）毫米

其他特点：

研讨活动：集思广益

（1）蚁蚕会爬来爬去，测量时你有什么好办法？

（2）这个阶段的蚕宝宝叫蚁蚕，是什么缘故？

聚焦活动：照顾蚁蚕

> 除了采摘嫩桑叶，是不是还要将桑叶剪成细条形？

> 蚁蚕那么小，不能直接用手拿，我的方法是……

养蚕小秘诀：不要把整片桑叶剪碎，而是以主叶脉为界线，把桑叶往中间对折，用剪刀剪几刀，形成一些 V 形或 W 形的缺口，方便蚁蚕食用和更换桑叶。

剪成 V 形的桑叶

拓展活动：成立蚕宝宝研究所

可以专门安排一个教室作为蚕宝宝研究所，用来开展集体养蚕活动。另外，招收 3—4 年级部分同学担任小研究员，负责蚕宝宝研究所的日常管理工作。

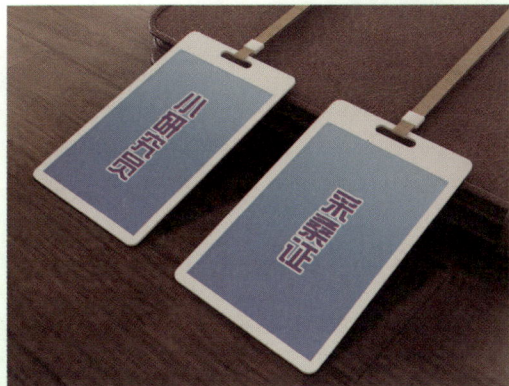

小研究员持证上岗

细心照顾蚕宝宝

3. 勇敢的"试吃"小队

"我的蚕宝宝不行了，一条条身体扭曲……""我的蚕宝宝怎么拉肚子了……"养蚕活动中，经常会传出这样的噩耗。

典型的蚕宝宝中毒症状

因此，我们需要建立一个蚕宝宝"试吃"小队。

🍃 聚焦活动：组建"试吃"小队

蚕宝宝"试吃"小队相当于先头部队，"队员"数量不需过多，一般 3—8 条就可以了。

> 建立"试吃"小队，主要目的是……

> 要给"试吃"小队准备单独的盒子，试吃时间保证在半天或以上。

🍃 研讨活动："试吃"范围

有些桑叶来自公园、小区等地的桑树，会有绿化养护人员定期喷洒农药或除草剂，即使用水清洗也不能保证安全，一定要安排"试吃"。

如果一次性采摘了较多桑叶，用保鲜袋分装，存放在冰箱的保鲜层，可以保存较长时间（一周左右）。把桑叶从冰箱里拿出来喂养的时候，有没有必要安排"试吃"？

探究活动：对比实验

经常听人说，蚕宝宝不能吃带水的桑叶，必须先擦干，否则会让蚕宝宝拉肚子。但也有人提出不同意见，认为只要桑叶上的水是新鲜干净的，比如雨水、露水、自来水等，给蚕宝宝吃没有问题。

有兴趣的同学，可以安排两个"试吃"小队进行对比研究。

实验研究方案

研究问题： 蚕宝宝能不能吃带水的桑叶

实验方法： 对比实验

改变条件： A 组蚕宝宝吃带水的新鲜桑叶；

B 组蚕宝宝吃不带水的新鲜桑叶

实验记录：

	第 1 天	第 2 天	第 3 天	第 4 天	……
A 组					
B 组					

拓展活动：未雨绸缪

万一发现"试吃"小队发生意外，我们该怎么做？还要不要重新组建"试吃"小队？

4. 我是小小"铲屎官"

蚕宝宝吃饱之后，经常做的事情就是拉屎。蚕屎也叫蚕沙，是蚕宝宝的粪便。

🍃 聚焦活动：观察蚕屎

蚕屎观察记录

形状：

颜色：

气味：

其他发现：

🍃 探究活动：清理蚕屎

蚕屎如果不及时清理，就会发霉、腐烂，从而影响桑叶的干净程度，严重的话还会导致蚕宝宝生病、死亡。

> 我可以直接用手……

> 怎样清理蚕屎又方便又卫生呢？

> 我觉得还要把清理出来的蚕屎收集起来……

研讨活动：蚕屎的作用

蚕屎的作用很多，加工后可作为中药，具有祛风除湿、和胃化湿、活血定痛的功效。除此之外，蚕屎还有什么用途呢？

蚕屎的作用

拓展活动：做一个蚕沙枕头

（1）选择四龄末、五龄初蚕宝宝的蚕沙为原料。

（2）将准备好的蚕沙进行漂洗、干燥、消毒等处理。

（3）将处理好的蚕沙放入枕芯，再把枕芯缝合。

（4）选择纯棉的面料做枕套，套上枕套。

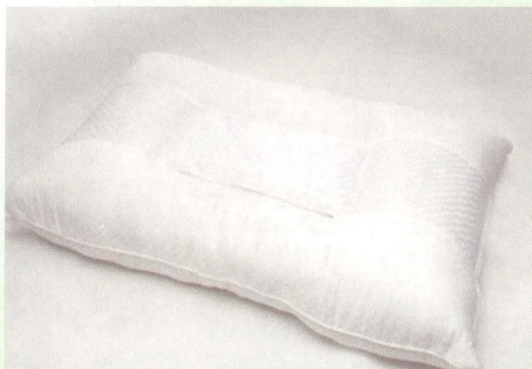

蚕沙枕头

第二章
蚕宝宝在长大

养蚕是要有足够的耐心的，从蚕卵到蚕茧，至少需要一个月。同学们能不能坚持到底呢？为了好玩也好，为了学习知识也好，一个个小小的生命在手中繁育成长，我们总应当负起一定的责任。

1. 蚕宝宝睡着了

蚕宝宝扒在桑叶上，头高高抬起，一动不动，这是怎么回事？原来是蚕宝宝睡着了，这种状态叫休眠。

休眠的各种斑纹蚕宝宝

聚焦活动：观察休眠的蚕宝宝

蚕宝宝是不是和我们人一样，到了晚上才睡觉？

蚕蜕皮前会长时间一动不动，是不是睡着了？

画一条正在休眠的蚕宝宝

🍃 研讨活动：为什么要休眠

蚕宝宝蜕皮前后，或者是吃饱之后，经常会出现休眠现象。蚕宝宝休眠时，我们尽量不要打搅它。

思考：蚕宝宝为什么要休眠呢？

正在休眠的四龄蚕宝宝

🍃 拓展活动：观察日记

仔细观察蚕宝宝睡觉的样子，写一篇小日记。

2. 蚕宝宝长大了

随着时间推移，蚕宝宝一天天长大。每当看到蚕宝宝蜕皮后，我们知道，蚕宝宝又大了一龄。

🍃 聚焦活动：观察蜕皮

蚕宝宝蜕皮时，它的头先从旧皮里钻出来，再利用身体扭动，慢慢地蜕掉旧皮。

遭遇蜕皮困难的蚕宝宝

蚕宝宝和蜕下的皮

🍃 研讨活动：蜕皮知识

通常情况下，吐丝结茧前蚕宝宝要蜕皮（　　）次。

蚕宝宝为什么要蜕皮呢？为了更漂亮吗？

蚕宝宝蜕皮时，我们不能打搅。

应该是身体长大后……

🍃 **探究活动：蜕皮前后**

快要蜕皮时，蚕宝宝的身体和行为会有什么特征？

蜕皮后，蚕宝宝是马上吃桑叶，还是先不动、休息一会？

万一有个别蚕宝宝蜕皮不成功，我们能帮忙吗？怎么帮？

蚕宝宝蜕皮出现困难

🍃 **拓展活动：蜕皮记录**

用相机拍摄蚕宝宝蜕皮全过程，统计一下蚕宝宝蜕皮所用的时间。

蚕宝宝每次蜕皮需要的时间不同。第一次蜕皮一般需要两天时间，没有明显的表现，就是不吃东西了。第二次蜕皮的时间会缩短，只要一天的时间就能蜕完。后面两次的蜕皮时间更短，大概几十分钟就可以完成。

3. 蚕宝宝生病怎么办

人会生病，蚕宝宝也会生病。哪些原因会导致蚕宝宝生病？生病的蚕宝宝该怎么处理？这是作为养蚕人必须了解的知识。

研讨活动：寻找原因

哪些原因会导致蚕宝宝生病？

> 房间里点蚊香，会不会导致蚕宝宝生病？

> 气温过高或环境潮湿，蚕宝宝也容易生病。

> 桑叶如果喷洒过农药，蚕宝宝吃了肯定会中毒的！

聚焦活动：了解蚕病

蚕病有很多种，最常见的是脓病、僵病和农药中毒。

脓病的蚕一般是环节肿胀，体色乳白，皮肤易破，流乳白色脓液。

僵病的蚕一般是体表散在暗褐色或油渍状病斑，死前呕吐和排软便，死后尸体逐渐硬化。

农药中毒的蚕一般会突然停止吃桑叶、乱爬、不断翻滚、吐出绿色的胃液、胸粗尾小、脱肛，或者头胸紧缩且两边摆动，乱爬翻滚，抽搐死亡，死蚕头部伸出，体躯成"S"或"C"字形。

探究活动：病蚕处理

一旦发现蚕宝宝生病了，我们该怎么处理呢？

（1）生病的蚕宝宝要隔离，不能和健康的蚕宝宝放在一起。

（2）认真分析导致蚕宝宝生病的原因，及时进行有效处理。

蚕宝宝生病死亡

拓展活动：健康养蚕

小蚕饲养要注意保温保湿，大蚕饲养要讲究通风换气。

如果是二次养蚕，还要对养蚕用具进行清理、消毒，有条件的话最好全面更换养蚕用具。

蚊香、花露水、香烟等容易导致蚕宝宝中毒，蚊虫叮咬也会造成蚕宝宝生病。

4. 蚕宝宝要"上山"了

当五龄的蚕宝宝身体变得有些透明发亮，并且不再吃桑叶，喜欢爬到盒子的边角处时，说明蚕宝宝要"上山"了，也就是吐丝结茧。

用稻草编扎的"蚕山"

蚕爬上"蚕山"结茧

聚焦活动："上山"的来历

"上山"是蚕农让蚕宝宝爬上稻草垛作茧的形象说法。

蚕农将事先准备好的稻草，扎成两根手指粗的捆状，以中间的结点为圆心，将稻草均匀地拧开，然后往下一折，便成了"稻草山"的形状，把"稻草山"整齐地码放到蚕匾上，蚕宝宝自己就会爬上去作茧。

探究活动：观察蚕"上山"

选择一条要"上山"的蚕宝宝，用文字或照片记录吐丝结茧过程。

研讨活动：寻找要"上山"的蚕

图中的两条蚕宝宝，哪一条是要"上山"的蚕宝宝？

说说你判断的依据。

拓展活动：帮助蚕"上山"

现在人们养蚕，已经很少用"稻草山"帮助蚕结茧了。那么，如果蚕宝宝要吐丝结茧，我们可以提供怎样的帮助呢？你还有其他的办法吗？

塑料结茧网

纸板分格

做纸卷

鸡蛋盒

第三章
华丽大变身

　　蚕宝宝辛勤地吐丝结茧，直到将自己一层层封锁在洁白的茧子里。忙碌结茧的蚕，专注耐心，有条不紊，一丝一毫不为外界所动。古人叹曰："春蚕到死丝方尽。"

1. 五颜六色的蚕茧

在大家的印象中，天然蚕茧都是纯白色的。你见过彩色的蚕茧吗？

各种颜色的蚕茧

聚焦活动：观察彩茧

彩色蚕茧有橙色、粉红、浅黄、浅绿等多种颜色，抽取的蚕丝色泽艳丽，但是市场上一般不会将纯天然的彩丝制作成纺织品，你知道是什么原因吗？

是受到产量的限制？还是容易褪色？

探究活动：认识彩蚕宝宝

给普通白蚕喂养饲料，可以获得彩色蚕茧，彩色蚕茧颜色比较稳固，不易褪色。除此之外，还有许多彩色蚕茧是由天然彩蚕吐丝结成的。我们来认识一下可爱的彩蚕宝宝吧！

白茶

三金黑

绿斑马

花瓣

拓展活动：蚕宝宝杂交

不同品种的蚕宝宝可以杂交吗？

彩蚕和普通白蚕杂交之后，孵化出来的蚕宝宝会结什么颜色的茧？

想知道这些问题的答案，我们可以想办法做研究……

2. 茧里面的小秘密

众所周知，蚕会吐丝结茧，我们人类就是利用蚕丝制作蚕丝被、丝绸等生活物品。当然，蚕吐丝结茧，并不是为了人类，而是它自我保护的一种手段。在蚕茧里，蚕宝宝悄悄地发生着变化。

🌿 聚焦活动：研究蚕茧

茧里的蚕宝宝现在是什么样的？它还会不会爬动？好好研究一下吧！

轻轻摇一摇　　　　　用手电筒照一照　　　　　剪出来看一看

注意：摇蚕茧的动作一定要轻，不能太用力，剪蚕茧的时候从一端慢慢剪开，不要伤害里面的蚕宝宝。

蚕宝宝预蛹及化蛹的过程

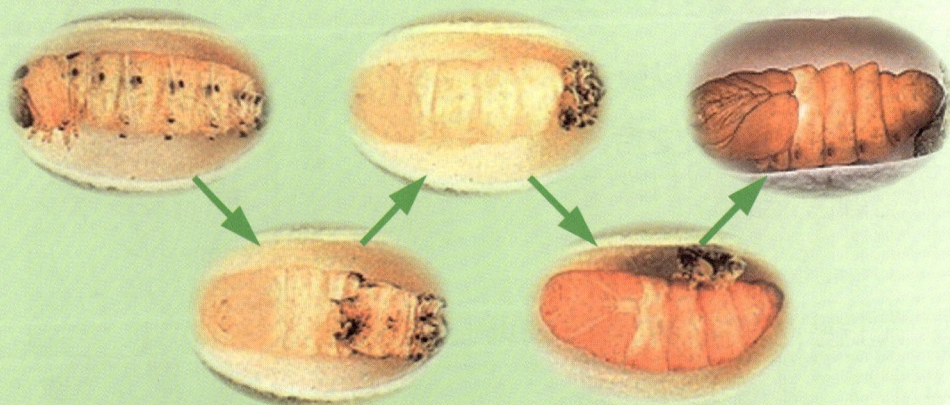

🍃 **探究活动：观察蚕蛹**

蚕的这种形态叫蛹，是蚕一生中的必要阶段。蚕吐丝作茧，原因是蛹无法自由移动，没有反抗能力，茧可以保护自己。

在剪开的茧里有什么发现？

🍃 **研讨活动：蚕蛹和幼蚕的区别**

提示：可以从体形、气门、足等方面进行比较。

蚕蛹

幼蚕

🍃 **拓展活动：认识蛹的身体结构**

复眼　头部　前胸　触角　后胸　中胸　胸足　翅　气门

3. 蚕宝宝破茧成蛾

　　一般情况下，蚕宝宝在吐丝后约 3 天变成蚕蛹，10—14 天羽化成蛾。成为蚕蛾后，它就会从蚕茧里钻出来。

蚕蛾的头部特写

聚焦活动：蚕蛾如何破茧

　　蚕茧结构非常紧密，我们即使用手也很难撕开。那么蚕蛾是怎样破茧而出的？

破茧而出的蚕蛾

> 蚕蛾身上好像没有什么锋利的结构，它到底是怎么出来的呢？

> 会不会和蚕茧上的红色液体有关？

🌿 **探究活动：观察蚕蛾**

蚕蛾的身体分为哪几个部分？蚕蛾的头部有些什么器官？

根据蚕蛾的身体特点分类，蚕属于昆虫。你知道昆虫类的动物有什么共同特点吗？

身体部位	有什么器官
头部	
胸部	
腹部	

🌿 **拓展活动：蚕蛾交配**

蚕蛾不吃不喝，存在的价值是为了交配产卵，产卵后慢慢等待生命结束。

你能辨别图中的雌蛾和雄蛾吗？说说你的理由。

正在交配的蚕蛾

4. 回顾蚕宝宝的一生

蚕的一生要经历蚕卵、幼虫、蚕蛹和蚕蛾四种形态，整个生命周期大约是两个月。

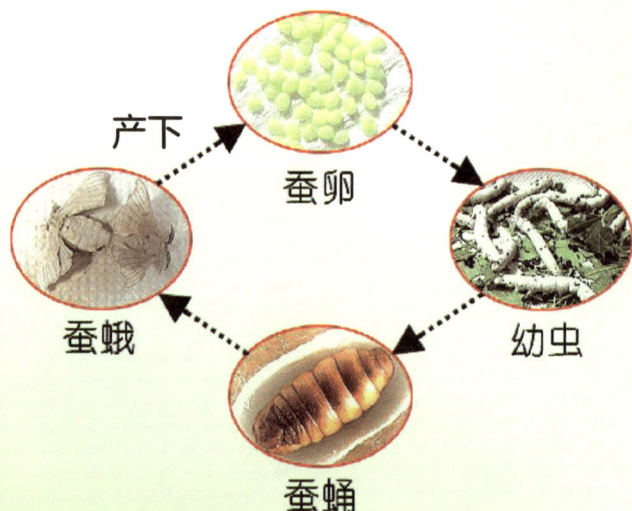

聚焦活动：记录蚕的一生

蚕宝宝的一生分为四个阶段，各个阶段的外形特征、行为和食物有什么不同？

	外形特征	行动	食物
蚕卵			
幼虫			
蚕蛹			
蚕蛾			

蚕在整个生命周期中，需要什么样的条件来维持生命？我们是怎样满足它们的生活条件的？

研讨活动：养蚕感受

在短短两个月的时间里，"蚕"由卵到幼虫再作茧自缚化成蛹，然后由蛹变蛾，再繁殖出蚕卵，这是一个多么奇特的生命循环过程啊！在这个过程中，你最大的感受是什么？

蚕蛾在白纸上产卵

拓展活动：火眼金睛

指出蚕蛾的各部分名称：头、胸、腹、足、翅、触角。

第四章
活动和拓展

在养蚕活动中，我们了解了生命丰富的形态变化，学习了形态变化中丰富的科学知识，在养蚕的酸甜苦辣中发现人生真谛。此外，还可以开展富有趣味的科学探究活动，开动脑筋，大胆尝试，获得教益。

1. 吐出一把蚕丝扇

蚕卵是扁圆形的，幼蚕是长圆筒形的，而蚕茧一般是椭圆形的，也有少量蚕茧会呈现球形或纺锤形。

五颜六色的蚕茧

各种形状的蚕茧对比

聚焦活动：研究蚕茧形状

为什么蚕茧一般都是椭圆形，而不是正方形或长方形？

是不是这样的形状更坚固？

也许是为了方便蚕蛹在里面躲藏？

研讨活动：标新立异

有没有办法可以让蚕宝宝结的蚕茧形状发生变化？

探究活动：织一把蚕丝扇

十几只胖嘟嘟的蚕宝宝不紧不慢地蠕动着，吐出一根根细如发丝的蚕丝，源源不断，错落交织，最后织成一把晶莹透亮的扇子。

蚕宝宝在扇骨上吐丝

制作完成的蚕丝扇

要织出图中那样的蚕丝扇，我们需要做好哪些准备？

拓展活动：自制小礼物

做一把蚕丝扇，或者做一张蚕丝面膜，送给爸爸妈妈。

2. 好玩的抽丝活动

在中国历史上，祖先们创造了璀璨夺目的科技文化，抽取蚕丝做成丝绸就是重大发明之一。那小小的球形蚕茧，是怎样被抽成细丝的呢？

聚焦活动：抽丝剥茧

成语"抽丝剥茧"，形容分析事物极为细致，而且一步一步很有层次。其原意是指丝得一根一根地抽，茧得一层一层地剥。

你知道抽丝的基本步骤吗？

（1）把蚕茧表面的乱丝摘掉。
（2）把蚕茧放在热水里浸泡10—15分钟。
（3）用牙刷轻轻搅动蚕茧，找出丝头。
（4）接着抽丝，把丝缠绕在线板上。

探究活动：研究蚕丝长度

一个蚕茧的丝，我觉得应该有十几米长吧！

肯定不止，我觉得有1000多米——

别争了，我们一起做实验吧！

该怎么测量丝的长度？可以先量出丝绕线板一圈的长度，再乘以圈数，就可以计算出一个蚕茧丝的总长度。

挑选最大和最小的蚕茧，进行抽丝活动，分别测量出丝的长度。

估计一般大小的蚕茧丝的长度。

拓展活动：了解土法抽丝

选择上好蚕茧

放在柴火灶大锅中煮沸

用绕线器慢慢绕起来，挂起来晾干

3. 春蚕到死丝方尽

唐代著名诗人李商隐写的《无题》诗中有"春蚕到死丝方尽，蜡炬成灰泪始干"，成为千古传唱的名句。其实，蚕宝宝并不是吐完丝就死掉了，到底是什么原因导致了"春蚕到死丝方尽"？

蚕的一生要经过卵、幼虫、蛹、成虫四个发育阶段

聚焦活动：编写养蚕小报

根据养蚕的经历，收集蚕宝宝相关资料，编写蚕宝宝成长小报。

精美的蚕宝宝小报

研讨活动：蚕茧的用途

蚕茧有哪些用途？特别是钻出蚕蛾后的蚕茧有什么用？

> 蚕茧可以用来做手工艺品。

> 完整的蚕茧可以制作蚕丝被。

蚕丝被

用蚕茧制作的"小鸭子"

用蚕茧制作的"小蜜蜂"

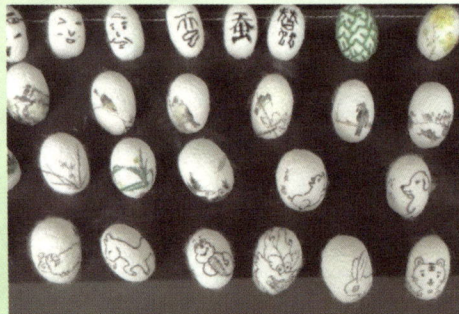

在蚕茧上作画

拓展活动：寻找"春蚕"一样的人

我们身边有不少人和春蚕那样，乐于奉献，全身心地投入到工作中，让我们去寻找和感受榜样的力量吧！

第五章
百桑园故事

　　校园里有个百桑园，始建于 2014 年 2 月，之后在 2015 年 4 月和 2019 年 2 月分别栽种了 100 棵果桑和 100 棵叶桑，目前百桑园有桑树 130 多棵，是浙江省丽水市最大的校内桑叶种植基地。

1. 校园里种桑树

2014年2月，浙江多了个百桑园，丽水市莲都区天宁小学的孩子们在这里研习科学，探索生命，延续古老蚕桑文化。

聚焦活动：为什么要种桑树

开展科学养蚕活动，需要充足、安全的桑叶。

桑树同样可以作为绿化树，给我们提供新鲜的空气。

嫩桑叶还是美味的食品……

拓展活动：不同时节的百桑园

1月，叶落归根

3月，冒出新芽

6月，枝繁叶茂

10月，零星散叶

探究活动：如何种桑树

（1）种植时间

一般选择在冬天和早春进行种植。

（2）种植准备

挑选品质优良、无病虫害的桑树果苗。

（3）种植方法

将桑树苗埋入土里，盖土轻提使根伸展，再拍打压实土。

（4）种植养护

保持土壤适度湿润，注意病虫害的防治。

拓展活动：桑枝扦插法和埋条法

除了常见的直接用桑苗栽种之外，桑树还有其他的一些种植方法，比如桑枝扦插法和埋条法。

桑枝扦插，一般在春季进行，选择1—2年生的枝条。

还要注意……

埋条，就是把桑树枝条埋入土里，等长出根之后剪断，成为一棵新桑苗。

2.你会摘桑叶吗

摘桑叶,把桑叶从桑树上摘下来,这样简单的事,谁不会啊?如果你这样想,那真的需要好好学习了!

聚焦活动:蚁蚕吃什么桑叶

蚁蚕孵化出来了,我们肯定要给它准备食物——桑叶。给蚁蚕吃的桑叶,是不是越嫩越好?当然不是。

老嫩不一的桑叶

蚁蚕适宜吃较嫩的桑叶

尽量不要把芽头摘掉,否则会影响桑树的成长。

老桑叶确实不适合蚁蚕,但太嫩的桑叶容易枯萎。

建议采摘枝条上第4—5片、和手掌差不多大小的桑叶给蚁蚕吃。

探究活动：怎样采摘桑叶

为了防止伤害枝条，采摘少量桑叶时，最好是用剪刀或指甲将叶脉截断。如果采摘数量较多，可以按桑叶生长的反方向用力，将桑叶从枝条上分离下来。

"逆向法"采摘桑叶

拓展活动：伐枝采摘

当蚕宝宝生长到五龄后，如果喂养的数量比较多，还可以采用伐枝采摘的方法，将整根枝条截断，用来喂养，这样更方便。

用枝条喂养蚕宝宝

3. 树上养蚕实践

我们现在喂养的蚕宝宝属于家蚕，是野蚕优化培育而来的。如果把现在的蚕宝宝放回到树上喂养，又会是怎样的情况呢？

野蚕幼虫

野蚕成虫

研讨活动：树上养蚕

养到树上的蚕宝宝，会不会被鸟、蚂蚁吃掉？

下大雨时，树上的蚕宝宝怎么办？

我们要每天观察、记录。

树上养蚕记录表

时间	天气情况	蚕宝宝生长情况

探究活动：树上养蚕实践

以下是我们的一次树上养蚕实践记录——

第1天，天气晴好，蚕生长正常

第2天，天气较热，蚕生长正常

第4天，小雨，蚕少了许多

第5天，闷热小雨，蚂蚁猎杀蚕

你们的实践活动是怎样的呢？建议采用"照片＋文字"的方式记录下来，当然也可以采用"自然笔记"的方法记录，一定会很棒哦！

4. 好好吃的桑葚

桑树也会开花，之后结出的果实叫桑葚。桑葚未成熟时为绿色，逐渐变为为红色，成熟后是紫红色或紫黑色，此时味道甜美。

聚焦活动：观察不同的桑葚

叶桑的果实

果桑的果实

对比观察两种桑树的幼果，你有什么发现？

探究活动：采摘和品尝桑葚

挂在桑枝上的桑葚

在百桑园采摘成熟的桑果，好好品尝。

🍃 研讨活动：桑葚的功能

除了作为水果直接食用之外，桑葚还有许多特殊的功能。

（1）桑葚有改善皮肤血液供应、营养肌肤、使皮肤白嫩及乌发等作用，并能延缓衰老。

（2）桑葚具有免疫促进作用，有助于预防人体动脉硬化、骨骼关节硬化，促进新陈代谢。

（3）桑葚具有生津止渴、促进消化、帮助排便等作用，适量食用能促进胃液分泌，刺激肠蠕动及解除燥热。

桑葚酒

桑葚饮料

桑葚食品

🍃 拓展活动：桑葚白化怎么办？

百桑园的桑葚出现了白化现象，这是怎么回事？有什么办法解决？

出现白化现象的桑葚

考考你

1.（　）蚕卵是蚕的第一个生命阶段，关于蚕卵，下列说法错误的是？

A. 蚕卵比小米和油菜籽还要小。　　B. 蚕卵的直径约 1 毫米。

C. 蚕卵很软，轻轻一捏就扁。　　D.1 颗蚕卵只能孵化 1 只蚕宝宝。

2.（　）健康的蚕突然集体静止不动，像睡着了一样，背胸出现浅色三角痕迹，即在蜕皮，也称为"蚕眠"。蚕宝宝在幼虫阶段一般蜕皮几次？

A.1 次。　　　　B.2 次。　　　　C.3 次。　　　　D.4 次。

3.（　）蚕宝宝是寡食性昆虫，以桑叶为主食。关于桑叶，下列说法错误的是？

A. 喂蚕时桑叶不能带有水分，否则可能滋生病菌。

B. 有农药的桑叶无论如何清洗都会让蚕中毒，无法食用。

C. 牛和羊可以吃干叶子，所以蚕宝宝也可以吃干桑叶。

D. 自采桑叶必须进行试吃，否则有可能会让蚕中毒。

4.（　）"蚕食"一词源自食量巨大的蚕宝宝。关于蚕宝宝的食量，下列说法中错误的是？

A.100 头蚕一生约食下 4—5 斤桑叶。

B. 蚕宝宝仅在幼虫期进食桑叶，其他阶段不会进食。

C. 蚕宝宝在开始结茧后，余生不再进食。

D. 蚕蛾可以适当喂点蜂蜜水，以延长寿命。

5.（　）蚕的寿命很短暂，从胚胎发育到产卵死亡约 56 天，短期内可以观察到完整一生，是优良的科普素材。关于蚕的寿命，下列说法错误的是？

A. 同学们领养的蚕宝宝不喂食也会慢慢长大。

B. 常温下，活化的蚕卵通常在 15 天内大量孵化。

C. 食物充足的蚕宝宝会在 1 个月内陆续结茧。

D. 蚕蛾寿命很短，通常仅能存活 2—14 天。

6.（　　）养蚕对环境的要求较高，关于环境，下列说法中错误的是？

A. 为了长期保持桑叶新鲜，可以让蚕盒保持较高湿度。

B. 家养蚕宝宝难以进行有效消毒，应尽量保持蚕盒干燥。

C. 每日清理废叶和废渣，蚕宝宝不易得僵病。

D. 高温环境下蚕的发育加速，但也会增加染病概率。

7.（　　）关于家中养蚕的情景，下列做法错误的是？

A. 爸爸抽着烟走到蚕盒边，吹了一口气，说道："哟，还会跳舞呢！"

B. 家里蚊子太多，为了让蚕宝宝健康成长，妈妈支起了蚊帐。

C. 奶奶喜欢用护肤品，清理蚕宝宝前，奶奶都会认真洗手。

D. 蚊香会挥发，在卧室里点蚊香，客厅中的蚕宝宝也可能会中毒。

陈建秋 主编

正高级教师，全国中小学劳动技术教育优秀教师，全国小学科学学会系统优秀教师，浙江省中小学地方课程教材审定专家，丽水市教学名师，丽水市优秀教师，丽水市明星教师。曾荣获浙江省小学生活与活动优质课一等奖、浙江省小学科学优质课二等奖、浙江省教师教育技术应用大赛二等奖 。

魏 迪 特邀顾问

农艺师，科技特派员，倾心育蚕公众号创始人，国内家养观赏蚕先行者，长期从事桑蚕科普和蚕种保护，保育了国内外 79 余类桑蚕品种，近年来致力于各类蚕的培育、孵化和推广。